Im Augenblick der Zeitlosigkeit

Marika Hildebrandt

Nationalpark Berchtesgaden

Inhalt

Vorwort

Seit jeher übt die Landschaft um Watzmann und Königssee auf uns Menschen eine unbeschreibliche Faszination aus. Egal ob Kletterer, Wanderer, Waldarbeiter, Förster, Jäger oder Wissenschaftler – jeder verbindet mit der Berchtesgadener Bergwelt zahlreiche, ganz persönliche Eindrücke, Erinnerungen und Sehnsüchte. Doch einig ist man sich stets über die unwiderstehliche Anziehungskraft dieser Region, der man sich nur schwer entziehen kann.

Bildbände über den Nationalpark Berchtesgaden und dessen einmalige Naturschönheiten gibt es wahrlich viele. Bisher hat jedoch noch keiner sowohl die gewaltigen Gebirgspanoramen wie auch den erstaunlich form- und farbenreichen Mikrokosmos so sensibel und stimmungsvoll eingefangen wie Marika Hildebrandt. Die Autorin hat auf ihrer Bilderreise durch die Lebensräume unseres Nationalparks mit sehr viel Geduld eine ganz eigene Sicht der Dinge entwickelt und diese in einzigartigen Fotoserien festgehalten. Ihr ist es gelungen, ihrem Anspruch, die Wertigkeit der Natur hervorzuheben, einen großen Schritt näher zu kommen. Bei ihrer Arbeit ließ sie sich nie von einem vorgegebenen Drehbuch, sondern ausschließlich von ihrem ausgeprägten Gespür für das schönste Motiv und den passendsten Moment leiten. So entstanden zauberhafte Augenblicke, welche von den Texten Dr. Michael Vogels einfühlsam begleitet und von der aufwendigen Produktion gebührend umrahmt werden.

Selbst ausgewiesene Kenner der Berchtesgadener Bergwelt werden in diesem Buch ihnen bisher unbekannte Blickwinkel, Details und Stimmungen entdecken können.

Nehmen auch Sie sich ein wenig Zeit und lassen sie sich von diesem einzigartigen Buch zu einer sinnlichen und abwechslungsreichen Wanderung durch den Nationalpark entführen!

Ihr Ulrich Brendel
Diplom-Biologe im Nationalpark Berchtesgaden

Die Entstehungsgeschichte des Nationalparks

Der Nationalpark Berchtesgaden kann auf eine lange Schutzgebietsgeschichte zurückblicken.
Der südöstliche Teil des heutigen Nationalparkgebietes wurde bereits 1910 als „Pflanzenschonbezirk Berchtesgadener Alpen“ mit einer Fläche von 8.600 ha ausgewiesen. Seine Initiatoren beriefen sich ursprünglich auf das Vorbild der amerikanischen Nationalparke. Aufgrund der verschiedenen Nutzungsinteressen im Gebiet konzentrierten sich die Schutzbemühungen dann aber darauf, dem schwungvollen Handel mit Alpenpflanzen (Edelweiß, Enziane), der sich im Gefolge des zunehmenden Alpentourismus entwickelt hatte, zu begegnen.
Zu einer Erweiterung des Schutzgebietes kam es im März 1921 mit der Ausweisung des „Naturschutzgebietes Königssee“. Das Naturschutzgebiet umfasste nun rund 20.400 ha und schloss den Watzmann, den Hochkalter, Teile der Reiteralm und die dazwischen liegenden Täler ein.
Während der Zeit des 2. Weltkrieges wurde auf Anordnung des Reichsforst- und Reichsjägermeisters Hermann Göring das Gebiet der Röth südlich und nördlich des Obersees zum „Naturschutzgebiet besonderer Ordnung“ erklärt. Anschließend wurden im Naturschutzgebiet noch weitere sechs „Wildschutzgebiete“ ausgewiesen, die im Grunde jagdlichen Interessen dienten.
Eine bereits 1953 vom Deutschen Naturschutzring vorgetragene Initiative zur Ausweisung eines Nationalparks wurde im Europäischen Naturschutzjahr 1970 erneut aufgegriffen. Angeregt wurde diese vor allem durch das Vorhaben, eine Seilbahn auf den Watzmann zu er-

richten. Von der Ausweisung eines Nationalparks erhoffte man sich, insbesondere aufgrund seiner Einbindung in ein internationales Schutzgebietsnetz, dieses Vorhaben abwehren zu können.
Der „Kampf um den Watzmann" mündete am 13.7.1972 in den Beschluss des Bayerischen Landtags, einen Bayerischen Alpenpark im Naturschutzgebiet Königssee zu planen. Die Ergebnisse des Raumordnungsverfahrens durch die Regierung von Oberbayern ergaben die Notwendigkeit einer Gebietserweiterung über die Grenzen des bisherigen Naturschutzgebietes hinaus, um gezielte und effektive Planungen im Hinblick auf die konkurrierenden Nutzungsansprüche innerhalb des Alpenparks zu ermöglichen. Am 1.8.1978 trat die „Verordnung über den Alpen- und den Nationalpark Berchtesgaden" in Kraft. Der Nationalpark wurde dabei gegenüber dem früheren Naturschutzgebiet auf eine Fläche von 20.808 ha vergrößert.
Im südlichen Umgriff des Nationalparks grenzt auf österreichischer Seite unmittelbar das Naturschutzgebiet Salzburger Kalkhochalpen an, im südwestlichen Anschluss liegt der Naturpark Weißbach. Als Pufferflächen tragen diese Gebiete mit zur Umsetzung der Schutzziele des Nationalparks bei.
Der Nationalpark genießt seit seinem Bestehen nationales und internationales Ansehen. Die hohen Besucherzahlen sind darüber hinaus Zeichen seiner außerordentlichen landschaftsästhetischen Schönheit und Anziehungskraft.
Dass sich das Schutzgebiet auch auf internationaler Ebene hoher Wertschätzung erfreut, beweist die Verleihung des Europadiploms der Kategorie A für Gebiete mit herausragender ökologischer Bedeutung im Jahre 1990 durch den Europarat. Diese Auszeichnung wurde jeweils 1995, 2000, 2005 sowie 2010 verlängert. In der IUCN-Liste wird der Nationalpark Berchtesgaden unter Kategorie II geführt. Nicht zuletzt haben auch zahlreiche renommierte Forschungsprojekte und die vielfältigen Publikationen der Nationalparkverwaltung zum Bekanntheitsgrad des Nationalparks beigetragen. Seit dem Jahre 1991 bilden der Nationalpark und sein Vorfeld zusammen mit dem gesamten Landkreis Berchtesgadener Land ein von der UNESCO anerkanntes Biosphärenreservat.

Wasser

Ohne Wasser kein Leben. Alle Entwicklungsprozesse in der Natur sind an Wasser gebunden. Es ist der Hauptstoff jeder lebenden Zelle, es ist Nährstoffträger, es ist Lösungs- und Quellmittel. Wasser ist kein Element, sondern eine chemische Verbindung, die verschiedenste Eigenschaften besitzt und verschiedene Zustände annehmen kann. Das Gesicht des Nationalparks wurde besonders durch Wasserkräfte modelliert und wird jetzt noch durch sie fein gestaltet. Sei es als Eis und Schnee, an der Oberfläche sichtbar oder unsichtbar als Permafrost, der die Berge zusammenhält. Wasser löst und gestaltet das Gesicht dieser Berge, gibt ihnen die Falten und Rillen ihrer Jahre, ermöglicht Leben darauf oder arbeitet in ihrem Inneren in Höhlen und Kavernen, um dann wiederum als Rinnsal, Bach oder See ans Tageslicht zu kommen und widerzuspiegeln, was es geschaffen hat. Und das Wasser des Nationalparks ist auch das Hauptnahrungsmittel der Bevölkerung des Berchtesgadener Talkessels, es ist ihr Trinkwasser. All dies unterliegt einem ständigen Kreislauf, der von der Sonnenenergie aufrechterhalten wird. Das heißt aber auch, dass die Menge des Wassers auf unserem Planeten begrenzt ist. Sie wird nicht mehr und sie wird auch nicht weniger. So liegt es alleine an uns Menschen, die Qualität und die Güte unseres Wassers zu sichern.

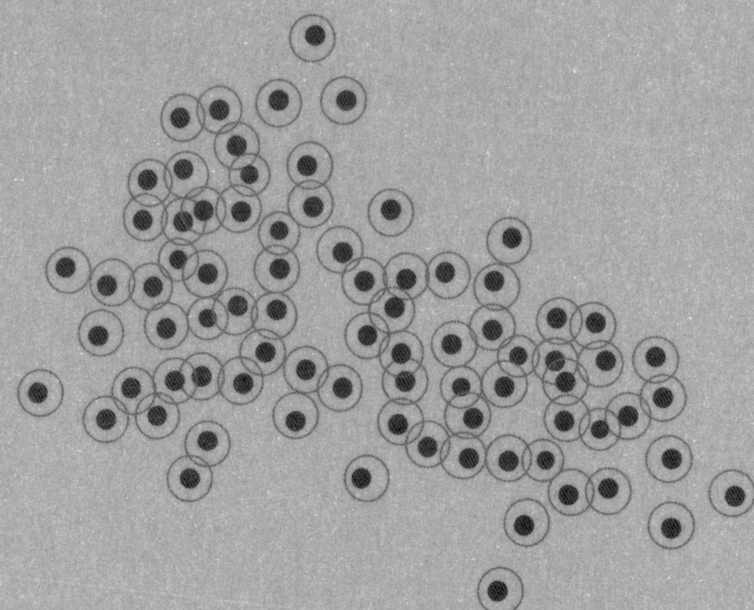

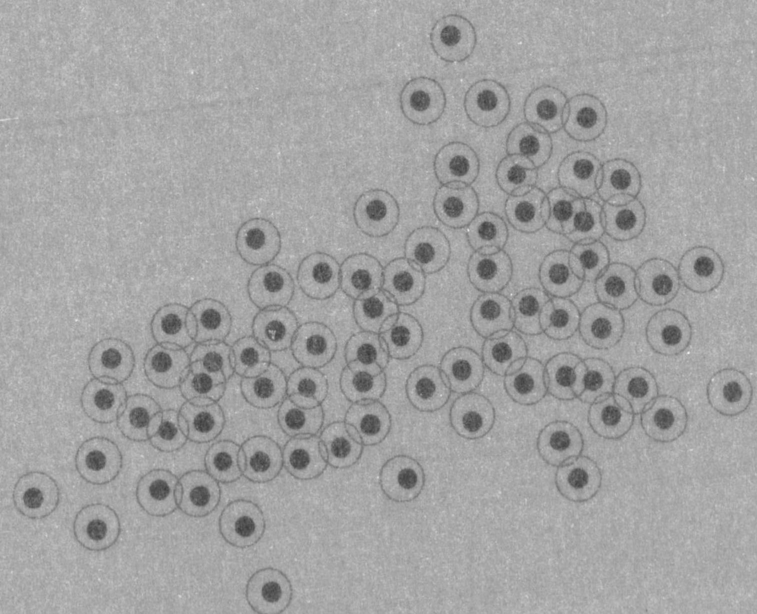

Der Frosch

Als Vertreter der Familie der echten Frösche lebt der Grasfrosch (Rana temporaria) im Nationalpark. An sich nichts Außergewöhnliches. Aber wie schaffen es die Tiere, in Höhen bis zu 1.800 m zu leben?
Der Grasfrosch gehört zu der Tierklasse der Amphibien und diese ist von ihrer Entwicklungsgeschichte her gesehen die älteste Landwirbeltiergruppe. In ihren Namen versteckt („amphi“ = auf beiden Seiten, „bios“ = Leben) wird die Abhängigkeit der Arten von Landlebensräumen in Kombination mit Wasserlebensräumen ausgedrückt. So benötigen die Grasfrösche zur Fortpflanzung Gewässer, ansonsten aber leben sie an Land. Mit zunehmender Höhe im Gebirge werden die Extreme im Wettergeschehen immer ausgeprägter. Sonneneinstrahlung, Wärme, Kälte und Niederschlagsgeschehen sind viel stärker vorhanden als im abgeschirmten Talbereich. Daran gilt es sich anzupassen. Überleben im Hochgebirge verursacht „Kosten“, wie z.B. längere Dauer bis zur Geschlechtsreife und Fortpflanzung nicht in jedem Jahr. Mit zunehmender Höhe suchen die Grasfrösche Laichgewässer mit mehr flachen Stellen und mit geringem Pflanzenbewuchs. Der Vorteil liegt darin, dass sich die von Natur aus kalten Gebirgsseen oder Tümpel in der Höhe doch etwas erwärmen und vor allem wirkt ein Trick der Natur.

Leben im Brennglas

Bei den Laichballen der Grasfrösche bestehen die einzelnen Eier aus einem dunklen befruchteten Keim, der von einer Gallerthülle umgeben ist. Diese Gallerthülle ist nicht nur Schutz und/oder eine erste Nahrung für die sich entwickelnden Larven, sondern wirkt als Brennglas, das die einfallenden Sonnenstrahlen auf den dunklen Keim hin bündelt. So kann trotz der kalten Umgebung ein Temperaturniveau erreicht werden, das eine Entwicklung der Froscheier zulässt.

Die Bachstelze

Die Bachstelze (Motacilla alba), ein Sommergast im Nationalpark, kehrt im März aus ihren Überwinterungsgebieten im Mittelmeerraum bis Nordafrika zurück. Bachstelzen sind die in Europa häufigsten einheimischen Stelzen. Wie der Name vermuten lässt, sind Bachstelzen in Wassernähe zu finden, sie sind aber nicht auf eine Wasserumgebung angewiesen. Genauso häufig sind sie auch auf Wiesen und Wegen, an Straßenrändern und in Ortschaften zu sehen. Auffallend ist der Wellenflug der überwiegend Insekten fressenden Stelzenart. Diesen Wellenflug gibt es nur bei schlanken, kleinen Vögeln, die nur wenig flächenbelastet sind, also bei kleinen Flugobjekten. Ein Triller von Flügelschlägen hebt die Flugbahn, die während der folgenden Schlagpause wieder sinkt. Nichts anderes als die ergonomische Umsetzung von physikalischen Gesetzmäßigkeiten in lebensnotwendige Funktionen.

Die Natur im Nationalpark beinhaltet also eine wahre Schatzkiste, eine Bibliothek des Wissens. Für alle unsere Fragen zeigt sie uns Lösungen und gibt Antworten. Wir müssen nur hinschauen und vor allem diese Lebensvielfalt erhalten, denn damit erhalten wir uns auch unsere zukünftige Wissens- und Lebensgrundlage.

Einige der ökologisch faszinierendsten Lebensgemeinschaften unserer Erde bleiben vielen Menschen ein Leben lang unbekannt: die Bewohner der Quellen, Bäche, Flüsse und Seen. Dass unsere Gewässer von der Quelle bis zur Mündung einige Tausend Tier- und Pflanzenarten beherbergen, wissen nur die wenigsten.

Der seltene, bunt schillernde Eisvogel umgeben von flüssigem Farbenrausch.

Die Magie der Vielfalt am Obersee

Die Abfolge der Vegetation an den Ufern von Seen gilt als beispielhaft für das gesetzmäßige Nebeneinander von Pflanzen und Tieren. Deutlich unterscheidbar folgen bestimmte Einheiten aufeinander. Was vielerorts schon Vergangenheit ist, ist im Nationalpark noch zu sehen, zu erkennen und zu erstaunen. Es existiert ein zusammenhängendes Kontinuum vom Grund des Sees bis in die höchsten Höhen der Berggipfel, sehr zur Freude aller vorkommenden Organismen.

Blick in die Wildnis von Hochsäul, Hanauerlaub und Wildpalfen.

Lebendige Landschaft. Tête-à-Tête von Natur und Kultur, verbunden durch die Lebensader des fließenden Wassers.

„Alles fließt", lautet ein bekanntes Zitat aus der altgriechischen Philosophie. Aber gerade für die Sinnbilder des Fließens, die Quellen, Bäche und Ströme, gilt dies nur noch in sehr eingeschränktem Maße. In Röhren und Betonkorsette gezwängt, mit Staustufen gezähmt, bilden sie oft nur noch ein klägliches Abbild ihrer einstigen Vielfalt. Die Lebensadern der Landschaft sind brüchig geworden. Nutzung von Naturressourcen kann auch anders aussehen.

Wildbäche auf der Wasseralm laden ein zum „Hör-Schauspiel".

Wellbeing – Wellness , ein Industriezweig, der alleine in den USA ein Volumen von über 5 Milliarden US$ hat. Die Qualität und die Effizienz eines Wellness-Hotels hängt von unterschiedlichen Faktoren ab, wie geografische Lage, Ambiente, Leistungsspektrum, Ausstattung und Produktauswahl. Und der Gast erwartet neben einer individuell zusammengestellten Behandlung ein Quäntchen Heiterkeit, das ihn lächelnd macht. Bei einer Wanderung durch den Nationalpark kann man sich dieses Programm selbst zusammenstellen.

Unser modern anmutendes Wort „Spa“ entstand aus den lateinischen Wörtern „Sanus per aquam“, was nichts anderes heißt als „Gesundheit durch Wasser“. Und die Reinigungs- und Badekultur mit und im Wasser wurde immer durch Aromen, Düfte, Farben und Licht ergänzt. Wellness erleben heißt demnach auch Rückbesinnung auf Erfahrungen und Werte, die verloren schienen. Somit kann eine Wanderung mit allen Sinnen ein Weg zu sich selbst sein, um dann gelassen in den Alltag zurückzukehren.

Morgendlicher Frühdunst am ruhigen Schwarzensee.

Entspannung, Ausgleich, Gleichgewicht müssen wir als Gegenpol zu unserem täglichen Leben suchen. Stressabbau, Verminderung von körperlicher und seelischer Anspannung, also die aktive Überführung in einen gleichmäßigeren oder zufriedenstellenderen Zustand, auch das kann und sollte Ziel eines Aufenthaltes im Nationalpark sein. Aber: Leben entstand vor ca. vier Milliarden Jahren. Der Mensch trat vor rund zweihunderttausend Jahren auf. Und doch hat er es in dieser relativ kurzen Zeit geschafft, das Gleichgewicht der Natur zu gefährden.

Optisches und akustisches Erleben der Stille am Grünsee.

Die Gebirgsstelze

Etwas anders als die Bachstelze ist die Gebirgsstelze (Motacilla cinerea) eine Art, die hohe Ansprüche an ihren Lebensraum stellt. Dabei ist die Gebirgsstelze kein reiner Bergvogel, aber diese Stelzen bevorzugen besonders die schnell fließenden Gebirgsbäche und sind von allen Stelzen am stärksten ans Wasser gebunden. Sie siedeln dort, wo natürliche und naturbelassene Bachläufe vorkommen, also Fließgewässer mit unterschiedlichen Strömungsverhältnissen, Geröllufern und Geschiebe- und Geröllinseln, wo sich beschattete und schattarme Abschnitte miteinander verzahnen. Für die Anlage ihres Nestes ist die Gebirgsstelze auf Steilufer angewiesen. Die Nahrungsgrundlage für ihr Überleben kommt aus diesen Gewässern. Sie besteht hauptsächlich aus Stein-, Köcher- und Eintagsfliegen (-larven) und anderer in diesen natürlichen Gewässern lebenden Kleinstlebewesen. Eine naturferne Bachgestaltung mit Einschränkung des Lebensraums eben dieser Arten bedeutet für die Gebirgsstelze den Verlust ihrer Nahrungsgrundlage und damit das Ende ihrer Existenzmöglichkeit.

Fließgewässer sind die Lebensadern unserer Landschaft. Sie ermöglichen Leben und bringen Leben hervor. „Natur Natur sein lassen" ist die Philosophie und die Aufgabe von Nationalparks. Im Nationalpark Berchtesgaden versuchen wir dieser Aufgabe auf möglichst großer Fläche gerecht zu werden.

Drollige Federknäuel

Stimmt die Umwelt, dann stimmt auch das Miteinander. Bei sehr guten Bedingungen können bis zu drei Bruten im Jahr erfolgreich stattfinden. Natürliche intakte Fließgewässer mit ihrer Organismenvielfalt sind die Grundlage dafür, dass Leben möglich ist und dass Leben weitergegeben werden kann.

Andere Eigenschaften von Wasser: die physikalische Kraft des Wassers als Träger von Energie.
Die von den Bergen herabfließenden Wässer sammelten und sammeln ihre Fließenergie, um in engen Klammen die abgelagerten und aufgetürmten geologischen Schichten zu durchschneiden. Hier in der Wimbachklamm. Damit wird zum einen möglich, Jahrmillionen der Erdgeschichte zu durchwandern, zum anderen entstehen neue Lebensmöglichkeiten für eine speziell angepasste Pflanzen- und Tierwelt.

Beständiger Wandel in der Wimbachklamm.

Die formende und erodierende Kraft des Wassers hat dann ihr Werk vollendet, wenn auch der letzte Stein der Berchtesgadener Berge als Sandkorn das Schwarze Meer erreicht hat. Im Nationalpark können diese Kräfte ungehindert die Berge zeichnen, unter den Blicken der Blindschleiche, eines typischen Bewohners von kühlen Bachniederungen.

Ursprüngliche Wildheit mit Blick auf den Hochkalter.

Jahrtausendealte Fließkraft

Der größte noch frei fließende Schuttstrom der Nordalpen im Wimbachgrieß wird durch die Kraft des Wassers unaufhörlich bewegt. Dabei bildet die fließende Welle auch ein wichtiges Verbindungselement für ein Berg-Tal-Kontinuum, das heißt einen Zusammenschluss zwischen Tal- und Berglebensräumen, der Wanderbewegungen und Wanderbeziehungen ermöglicht.

Quellen sind das Gehirn eines jeden Fließgewässers. Die kleinen Bergseen sind die Augen. In ihnen spiegelt sich die Umgebung wider, rein optisch. Sie können aber, wie in der Medizin, auch zur Diagnose dieser Umgebung, ihres Lebensraumes, genutzt werden, denn sie beinhalten vielerlei Informationen über ihre Umwelt und auch der wirkenden Einflüsse aus ihrer Umwelt.

Der markante Funtenseetauern spiegelt sich im kleinen Moortümpel.

Machen wir es umgekehrt. Vielleicht ist am Funtensee der Kältepol Deutschlands. Sicher ist aber, dass dieser auf 1.601 m Seehöhe gelegene See einer der schönsten Plätze im Nationalpark ist. Die gesamte Lage, eine ausflusslose Mulde im Kalksandstein, wirkt wie ein natürlicher Kühlschrank. Bei besonderen Wetterlagen bildet sich in dieser Höhe sehr viel kalte Luft, fließt hier zusammen und das kann extrem tiefe Temperaturen ergeben. Und trotzdem, oder vielleicht gerade deswegen finden sich hier sehr viele unterschiedliche Pflanzenstandorte und die Jahreszeiten Frühjahr, Sommer, Herbst und Winter liegen in ihrer Abfolge sehr eng beisammen.

Bergwald

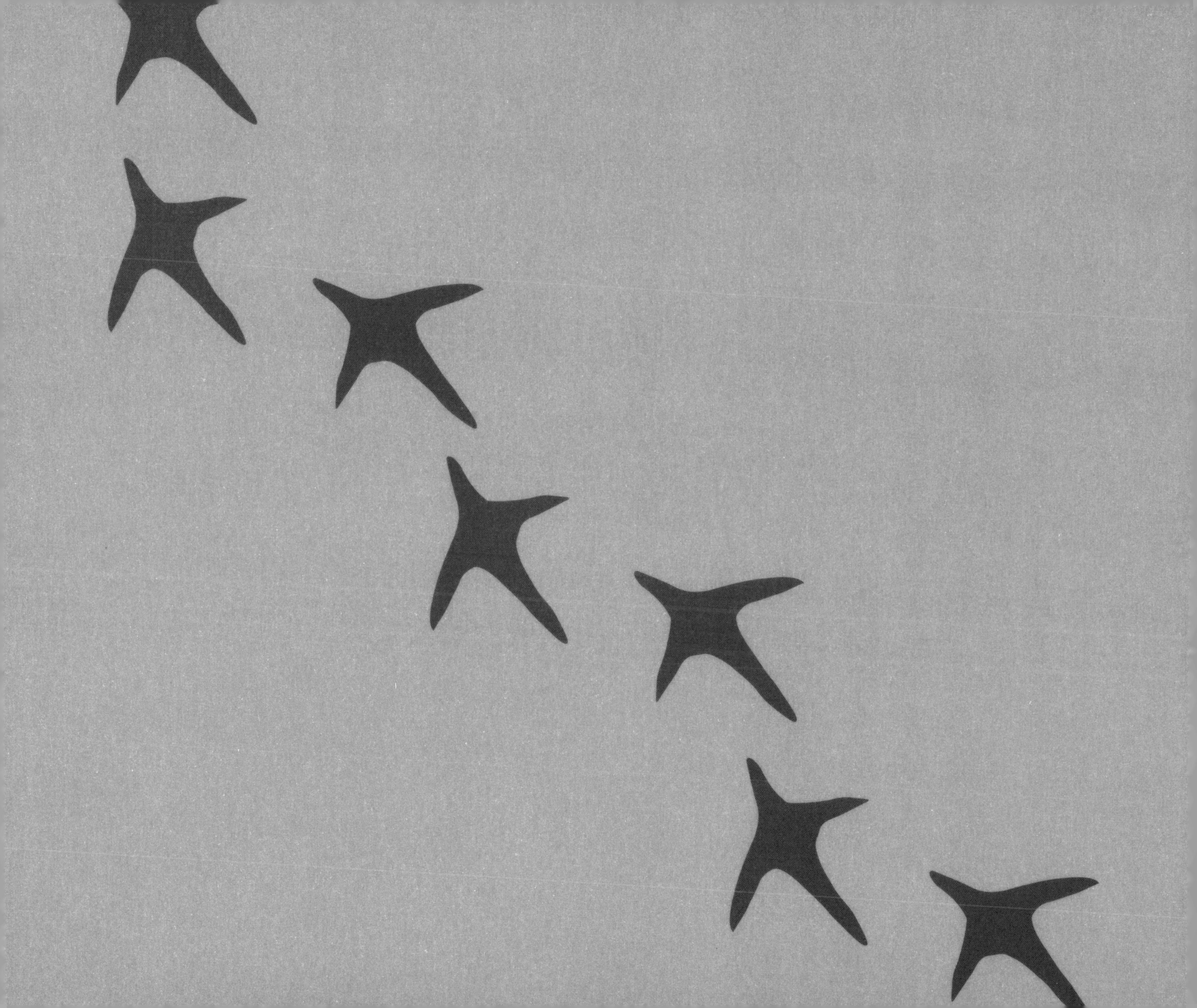

Das Auerhuhn

Das Auerhuhn (Tetrao urogallus) gehört zu der Familie der Raufußhühner. Wie ein balzender Auerhahn aussieht, weiß in Deutschland fast jedermann, weil sie oft abgebildet werden oder ausgestopft über dem Sofa an der Wand hängen. Dabei gilt für den Auerhahn wie bei vielen Männchen der übrigen Vogelwelt, dass, je komplizierter Schmuck und Balzverhalten sind, desto geringer ist die Beteiligung an der Aufzucht der Nachkommenschaft. Anscheinend faule Tiere. Aber andererseits sind sie ganz wichtige Bioindikatoren, also lebende Organismen, deren Vorkommen oder Nicht-Vorkommen sich mit bestimmten Umweltfaktoren so eng verbinden lassen, dass sie als Zeiger für diese Umweltfaktoren verwendet werden können. Dies können nur Bioindikatoren leisten, da sie im Gegensatz zu physikalisch-chemischen Messsystemen in der Lage sind, die biologische Wirkung aller in ihrer Umwelt vorkommenden Faktoren integrierend anzuzeigen. Und das Auerhuhn hat extrem hohe Lebensansprüche an seine Umwelt: Balzbaum und Bodenbalzplatz, gedeckter Schlafbaum und geschützter Brutplatz müssen in räumlicher Nähe zueinander liegen. In dieses Mosaik hinein gehören noch Ameisenvorkommen als Kückennahrung sowie frisches Buchenlaub als Sommernahrung für die erwachsenen Tiere. Und um alles auch verdauen zu können, müssen offene Stellen zur Aufnahme von Magensteinchen vorhanden sein. Ein sehr komplexes und kompliziertes Faktoren- und Struktursystem ist zum Überleben dieser Art notwendig. Der Nationalpark Berchtesgaden kann es anbieten.

Ein urtümliches Schauspiel
mit rauem Lockgesang

*Wo das Auerhuhn vorkommt,
sind die Bergwälder in Ordnung.
Dann lassen sich Balz und Balzspuren im
Frühjahrsschnee beobachten.*

Der Bergwald im Nationalpark ist mehr als nur eine Ansammlung verschiedener Baumarten, die den Berg hinauf stehen. Viele Bereiche unserer Bergwälder haben die Zeit bekommen, sich zu Urwäldern hin zu entwickeln. Sie bieten auf engem Raum Platz für Bäume aller Altersklassen, sie weisen eine kleinräumige Mischung der standortheimischen Baumarten auf, haben einen hohen Anteil uralter Baumriesen sowie an stehendem und liegendem toten Holz. Ein sich selbst regulierender Zyklus aus einander ablösenden, mosaikartig verteilten Waldentwicklungsphasen hat sich eingestellt. So einen Urwald wollen eigentlich viele Menschen nicht so recht haben. Der Besitzer will ihn nicht, weil er nichts bringt, viele Förster wollen ihn nicht, weil ein Urwald auch ohne sie wächst, und auch viele Bürger nicht, weil man in einem unordentlichen Urwald nicht ordentlich spazieren gehen kann. Aber wir wollen ihn, weil ein solcher Wald am besten in der Lage ist, ökologische Funktionen vollständig und nachhaltig zu erfüllen. Ein solcher Urwald hat Einfluss auf den Wasserhaushalt eines Gebietes, hat eine wichtige Bedeutung für den Bodenschutz, wirkt klimatisch regulierend in den Luftraum hinein und hat Wirkung auf den Menschen. Und sei es nur als Erholungsraum, als Naturerlebnisstätte oder als Ladestation für unsere geistigen Batterien.

Am Beispiel der Flechten demonstriert uns die Natur ein Paradebeispiel für das Zusammenleben zweier unterschiedlicher Organismen (Pilz und Alge) zum gegenseitigen Nutzen. Flechten sind quasi Pilze mit wundersamen Eigenschaften. Sie erscheinen uns als Krusten, blattartige Gebilde, Sträuchlein oder Bärte auf verschiedensten Wuchsunterlagen. So widerstandsfähig sie gegen Kälte, Hitze und Trockenheit auch sind, so empfindlich reagieren sie auf Veränderungen ihres chemischen Umfeldes durch menschlichen Einfluss. Sie sind Bioindikatoren für Luftgüte. Natürlich strukturierte Wälder bieten den Flechten einen reichhaltigen Lebensraum. Deshalb ist der Nationalpark Berchtesgaden auch eines der flechtenreichsten Gebiete Deutschlands.

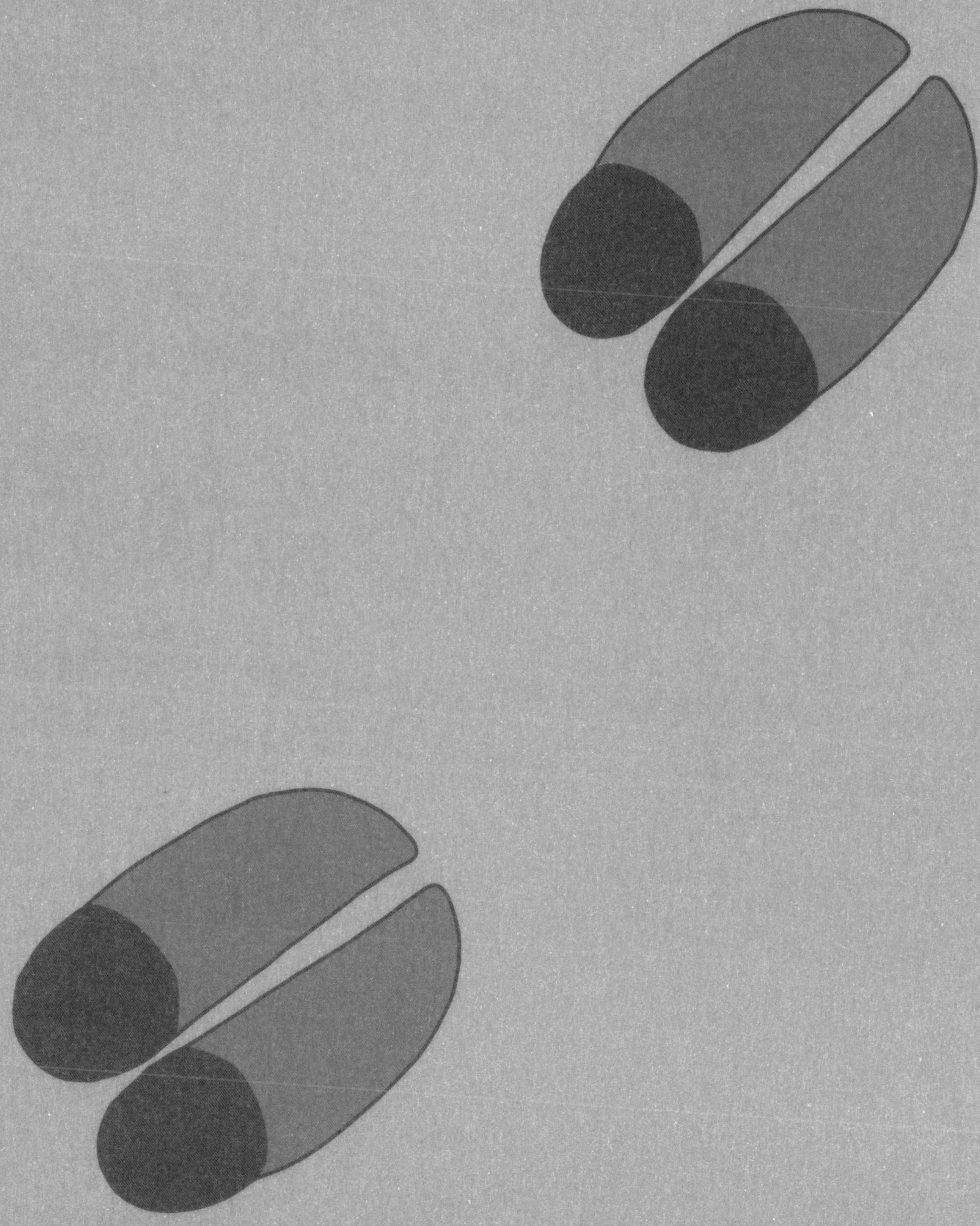

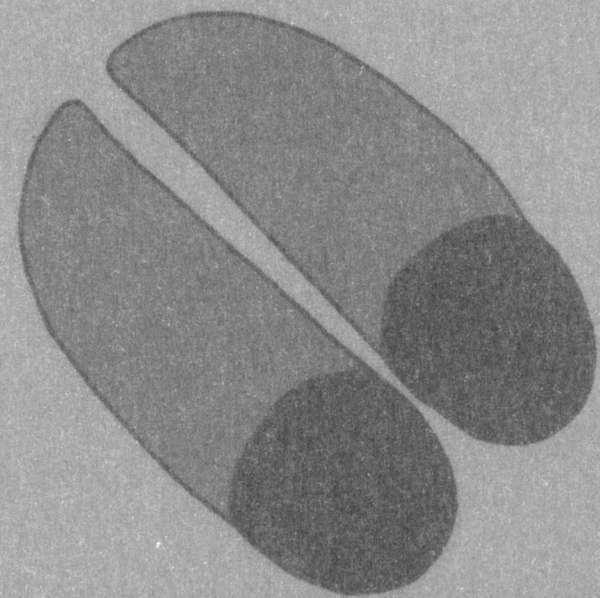
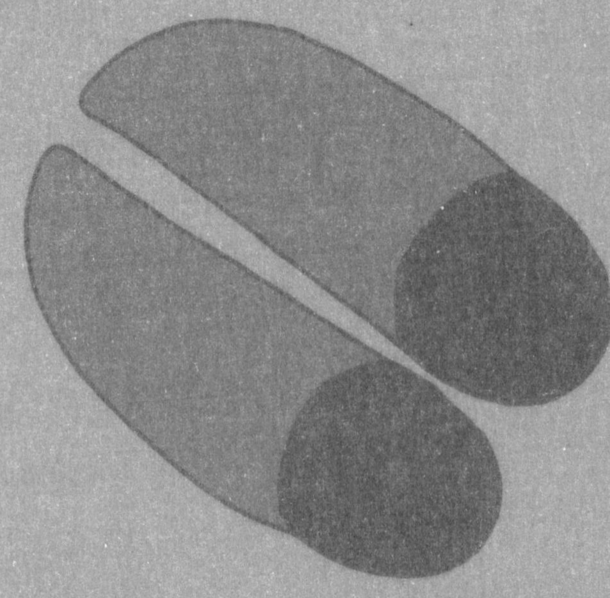

Der Rothirsch

Wenn es in unserer Landschaft noch die Möglichkeiten gäbe, würde der Rothirsch (Cervus elaphus) weite Wanderstrecken zurücklegen. Nicht als „König des Waldes", wie wir ihn kennen, ist der Hirsch eigentlich ein Bewohner von Offenlandschaften. Aufgrund von Zerschneidung der Landschaft, dem Fehlen von Ruhezonen und auch wegen Jagddruck haben die Tiere sich in die Wälder zurückgezogen. Die Bergwälder im Nationalpark sind an vielen Stellen lichter als die Wälder der Ebene. So kann sich eine üppige Bodenvegetation entwickeln, eine gute Lebensgrundlage für große Pflanzenfresser, wie den Rothirsch. Bietet der Bergwald im Sommer noch einen guten Lebensraum, so sind die früheren weiträumigen winterlichen Wanderungen in das Alpenvorland bis in die Flussauen hinaus heutzutage fast nicht mehr möglich. Quasi als Ersatz für diese verloren gegangenen Winterlebensräume wurden auf dem Gebiet des jetzigen Nationalparks schon vor über 150 Jahren Winterfütterungen eingeführt.

Man kann darüber diskutieren, ob Hirschfütterungen nationalparkgerecht sind. Zumindest der ansonsten winterliche Verbiss in den Bergwäldern kann beeinflusst werden, und auch den Besuchern an den Wildfütterungen können die großen Stangengeweihträger gezeigt und ihre Lebensweise und die vieler anderer Tiere im Nationalpark nahegebracht werden. Und so kann auch erklärt werden, dass das Geweih der Hirsche eigentlich ein toter Knochen ist.

Auch im Winter in der Nähe der Fütterungen wird eindrucksvoll demonstriert, wer das Sagen im Rudel der Rothirsche hat.

Schnee und Wasser als Lebensgrundlage. Die Szenarien für die Zukunft der alpinen Bereiche schauen nicht gut aus, für den Bereich Berchtesgaden zum Beispiel kann Mitte des Jahrhunderts durchaus der Schnee als Wasserspeicher ausfallen. Und welches Schicksal erwartet dann die immergrünen Christrosen (Helleborus niger ssp. niger), eine ganz wichtige Nektarpflanze für viele frühjahrsaktive Insekten?

Die gebüschreichen, lichten Laub- und Nadelwälder im Nationalpark geben einen idealen Lebensraum für unsere größte heimische Orchidee, den Frauenschuh (Cypripedium calceolus). Dass die als „Schuhform" ausgebildete Blütenlippe, wie im richtigen Leben, zu allererst eine Falle ist, um bestäubungswillige Insekten anzulocken, ist eine andere Geschichte.

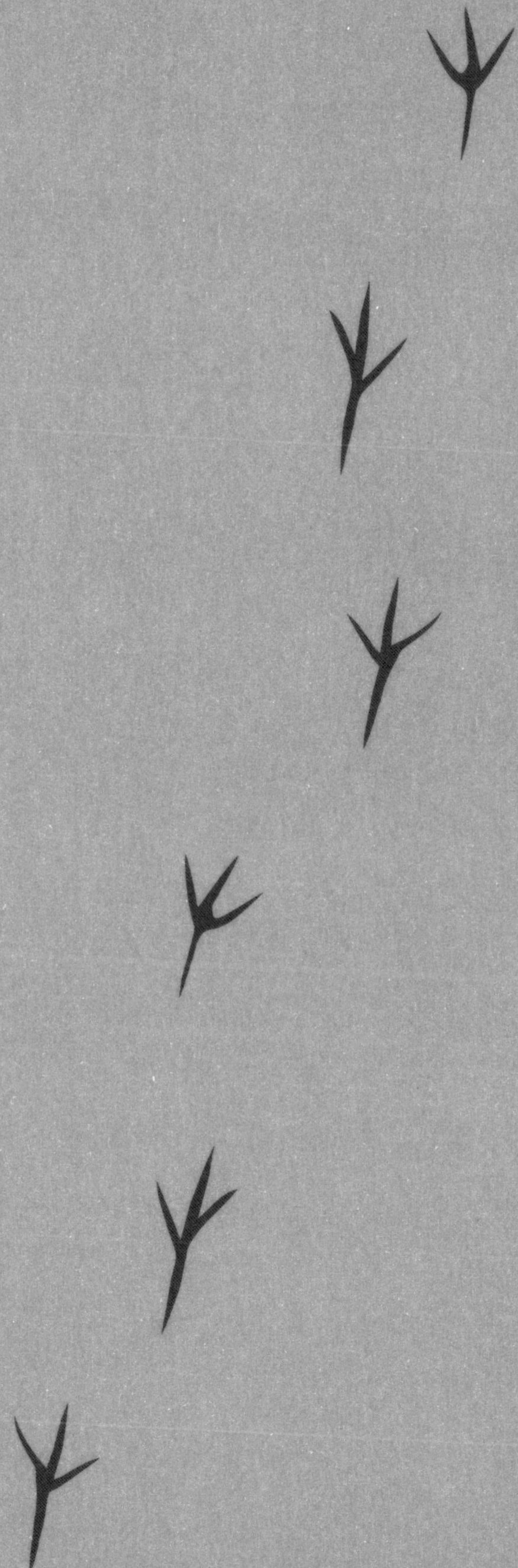

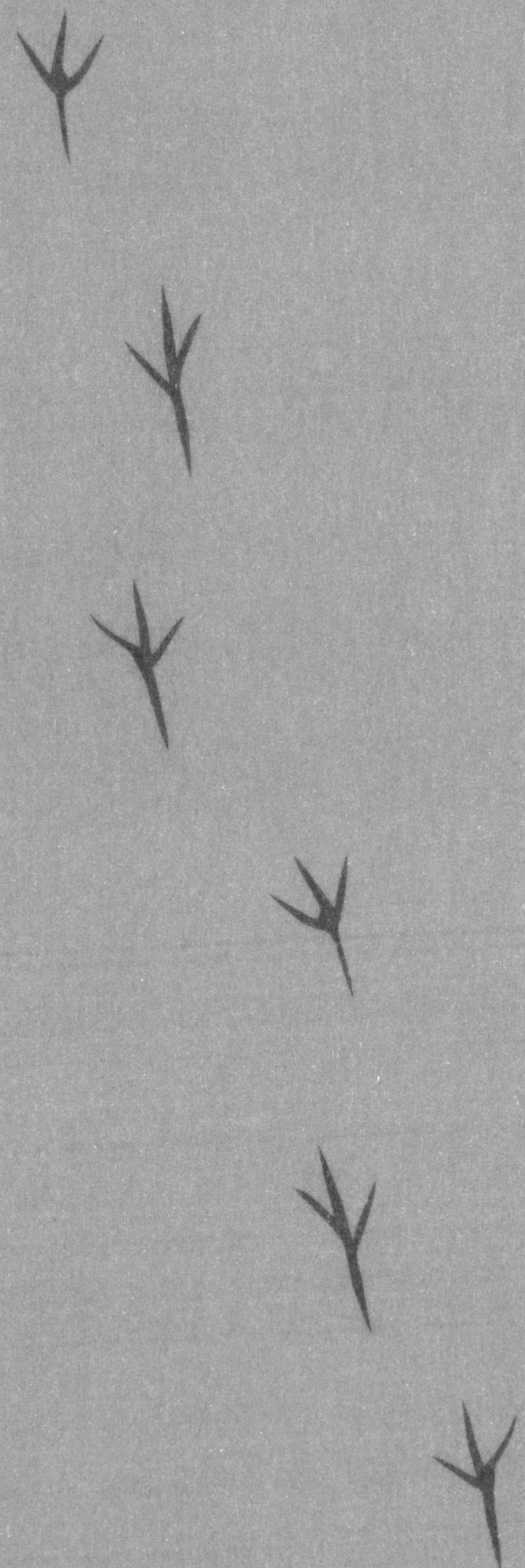

Die Ringdrossel

Von März bis in den Oktober können Ringdrosseln (Turdus torquatus) im Nationalpark beobachtet werden. Nach ihrer Rückkehr aus den Winterquartieren in Südeuropa und Nordafrika leben sie in den Bergwaldbereichen, die besonders strukturreich, urwüchsig und stark gegliedert sind. Ringdrosseln bauen ein Napfnest in dichten Nadelbäumen oder Nadelgebüschen an der Baumgrenze. Vom dichten Hochwald bis in den Latschenbereich, wo Blockfelder, Lawinenbahnen, offene Bereiche mit Felsen aber auch kurzrasige Wiesen eingestreut sind, kann man sie beobachten. Zur Nahrungssuche, Würmer, Insekten, Samen, Früchte und Beeren, werden auch gerne Almflächen aufgesucht. Aber die Tiere sind sehr scheu und extrem störungsempfindlich. Untersuchungen aus dem Verbreitungsgebiet der Ringdrosseln zeigen, dass an Orten, wo durch steigenden Sommertourismus die Störungshäufigkeit zugenommen hat, ein Rückgang in der Populationsstärke zu verzeichnen ist.

Der Nationalpark Berchtesgaden als großer, unzerschnittener und mit wenig Infrastruktur ausgestatteter Raum erfüllt somit auf der einen Seite die Funktion eines beruhigten Rückzugsraumes, aber andererseits auch die Funktion als Ausbreitungs- und/oder Wiederbesiedlungszentrum, und zwar für eine große Anzahl von Tierarten, unter anderem auch für die Ringdrossel.

Requisiten des Überlebens

Männchen und Weibchen, Strukturen für den „Wohnbereich“, Ungestörtheit und Ruhe, Nahrungsgrundlagen und Freude am Leben ...
Aufgabe eines Nationalparks, dies zu erhalten oder wieder zu ermöglichen. „Natur Natur sein lassen“, wo der Mensch dann in den Hintergrund treten sollte.

Schöpfung, Entwicklung, Evolution einer Landschaft. Lebensvielfalt auf engstem Raum, die sich zu höchstem Niveau hin entwickelt hat. Alt werden, neu entstehen, mit dem Menschen in untergeordneter Rolle. Dies alles fordert uns auf, unsere Augen zu öffnen und unsere Mitwelt mit allen Sinnen zu erfassen.

Uralter Mischwaldbestand und neues Leben, das Waldvögelein.

Ein Wort zu „Wildnis"

Wildnis kann man nicht kreieren oder auf Papier propagieren, sondern Wildnis muss man geschehen lassen. Der Begriff Wildnis weckt die unterschiedlichsten Assoziationen und Gefühle in uns. Einerseits schreckt sie uns ab, andererseits übt sie eine gewaltige Faszination auf uns aus, verbinden wir doch Freiheit mit diesem Begriff. Und ganz tief im Innern mag so mancher spüren, dass die Natur als solche, unbeeinflusst vom Menschen, unser Ursprung ist. Das heißt, die wilde Natur im Nationalpark zu erleben, ist ein bisschen wie „heimkommen".

Der Rotfuchs

Der einzige Hund, der sich im Nationalpark frei und ohne Leine bewegen darf, ist der Rotfuchs (Vulpes vulpes), ein Vertreter der Wildhunde. Und er hat ein Spitzenleben im Nationalpark. Nachdem schon vor langer Zeit die großen Beutegreifer Bär, Wolf und Luchs in unserer Landschaft abgeschafft wurden, darf er nun die Spitzenstellung in der Pyramide der verbliebenen Raubsäugetiere einnehmen. Dementsprechend hat er freie Lebensraumwahl und kommt im Nationalpark vom Talboden bis in Höhen über 2.000 m vor.

Wem diese Aussagen zu polemisch erscheinen, der möge bitte seine Einstellung zu einer eventuellen Rückkehr der „drei Großen", Bär, Wolf und Luchs, überdenken.

Konkurrenzlos, sicher, listig und schlau im Nationalpark unterwegs: „Meister Reineke“.

Biodiversität

Meist wird Biodiversität mit Artenvielfalt gleichgesetzt. Biodiversität ist aber mehr. Sie umfasst natürlich Vielfalt an Arten, schließt aber auch Vielfalt an Lebensräumen ein, genetische Vielfalt innerhalb der Arten und auch die Prozesse, die in diesen Systemen ablaufen. Biodiversität umfasst also auch die Komponenten wie Raum und Zeit. Prozesse in der Natur erstrecken sich über Sekunden, Stunden, Tage, Jahre, Jahrtausende, Jahrmillionen. Wir sollten lernen: Alles hat seine Zeit.

Auf dem Weg zu den Teufelshörnern.

Nationalparkarbeit heißt:

Vermehrtes Zulassen von ungelenkten, autogenen Prozessen, also „Natur-Schutz“ wörtlich. Die wichtigste Aufgabe dabei ist: Nichts zu tun, damit sich wieder etwas tut. Frei laufende Prozesse zeigen uns die zweckmäßigen Wechselwirkungen zwischen Landschaft, Vegetation und Tierwelt und führen uns vor Augen, wie präzise die Lebensweisen der Organismen in ein sich ständig änderndes Umfeld eingepasst sind. Nationalparke sind wichtige Referenzflächen mit der Auflage der langfristigen Umweltbeobachtung und einem Forschungsauftrag. Wildnis als Schutzkonzept in einem Nationalpark setzt demnach voraus, dass wir den Wildwuchs außerhalb der ordnenden Hand des Menschen akzeptieren, dass wir Störereignisse tolerieren und als Ausdruck natürlicher Dynamik verstehen.

Die Haselmaus

Die Haselmaus (Muscardinus avellanarius) gehört zur Familie der Schlafmäuse und ist der kleinste Bilch, der im Nationalpark vorkommt. Von Nichtkennern werden Haselmäuse häufig als „junges Eichhörnchen" bezeichnet, da sie ebenso wie diese exzellente Kletterer sind. Als ausgesprochener Samenverzehrer, der das halbe Leben verschläft, lebt die Haselmaus ohne Blinddarm. Die vorwiegend nachtaktive Haselmaus verbringt die Sommertage in kugelförmigen Nestern in ein bis zwei Meter Höhe, geht aber dann von Mitte Oktober bis ca. Mitte Mai in einen echten Winterschlaf, den sie in Erdnestern oder Erdlöchern verbringt. Umso fleißiger wird der Rest des Jahres genutzt, denn Haselmäuse pflanzen sich in der Regel zweimal im Jahr fort. Dabei sind sie ausgesprochen territorial, sie markieren ihre Reviere und verteidigen diese ganz erbittert gegenüber anderen Artgenossen.

Kompliziertes Leben oder einfaches Leben? Jedenfalls trägt die Haselmaus mit ihrem Vorkommen auch dazu bei, dass der Nationalpark Berchtesgaden vom WWF (World Wide Fund for Nature) zu den „Edelsteinen der Alpen" gezählt wird, zu den Gebieten, die wegen ihrer hervorragenden biologischen Vielfalt vorrangig zu schützen sind.

*Keine Biologie, keine Ökologie, kein Appell.
Der Winter kommt, schnell noch das Nest für den Winterschlaf ausstatten. Das ist zwar harte Arbeit, es macht aber auch sichtlich Spaß.*

Wiese & Almboden

Der Nationalpark Berchtesgaden ist Schnittpunkt und Schnittfläche zwischen Natur und Kultur. Das Wortpaar Wiese und Almboden steht als Symbolhalter dafür. Wiese, nicht als landwirtschaftlich genutztes Grünland, sondern als natürlich vorkommende kalkalpine Rasen und Matten meist oberhalb der Waldgrenze, stehen für die Natur, der Almboden, als während der Sommermonate genutzte Bergweide, steht für die kulturelle Tätigkeit des Menschen. Und diese ist für den Bereich des Nationalparks schon urkundlich aus dem 8. Jahrhundert für die Gotzenalm erwähnt. Genauere Beschreibungen der Berchtesgadener Almen mit den dazugehörenden Rechtsverhältnissen gibt es seit dem Jahr 1377. Ein Almrechtsverzeichnis existiert seit 1689, worin auch festgelegt wird, wie viele Tiere zu welcher Zeit auf welcher Fläche zur Weide sein durften. Von damals bis heute rechtsgültige Nachhaltigkeit pur. Lange vor der Konferenz von Rio im Jahre 1992, von welcher der Begriff Nachhaltigkeit seinen Weg in unsere alltägliche Sprache nahm, mit Denken in einem Zeithorizont, der meist der Länge einer Legislaturperiode entspricht. Bei einer Wanderung zu den Almen im Nationalpark sollte man ruhig auch einmal darüber nachdenken.

Der Bergmolch

Der Bergmolch (Triturus alpestris) gehört wie der Grasfrosch zur Tierklasse der Amphibien, genauer zu der großen Ordnung der Schwanzlurche. Die nach Bundesnaturschutzgesetz und Bundesartenschutzverordnung „besonders geschützten" Bergmolche kommen im Nationalpark bis auf 2.000 m vor. Sommerlebensraum (in Gewässern) und Winterlebensraum (unter Steinen, Wurzeln, Bäumen) müssen eng beieinander liegen, nicht weiter als ca. 400 m voneinander entfernt. Der Bergmolch heftet seine Eier (bis zu 250 Stück) einzeln zur Reduzierung der Larvensterblichkeit an verschiedenen Ablageplätzen und sonnenexponiert an die Blätter von Wasserpflanzen. Die Eiablage wird über einen größeren Zeitraum verteilt. Er pflanzt sich nur alle 2 Jahre fort. Das sind die „Kosten", die er aufbringt. Überleben im Gebirge erfordert eine Anpassung an raue Bedingungen. „R"-Strategen (wie z.B. der Grasfrosch) setzen auf Reproduktion, das heißt, dass sie in der Regel viele Nachkommen erzeugen, sich aber nicht um die Aufzucht kümmern. „K"-Strategen (z.B. Bergmolch) setzen sich mit der Kapazität ihres Lebensraumes auseinander und passen sich an. Sie erzeugen weniger Nachkommen, in die sie aber mehr Energie investieren.
Tiere mit beiden Überlebensstrategien existieren im Nationalpark nebeneinander und tragen zu der großen Lebensvielfalt bei.

Bergmolche in der Wassertracht.
Nach Ende der Laichzeit und dem Verlassen des Wasserlebensraumes „verblassen“ die Tiere wieder und wechseln zu einer unauffälligeren Landtracht. Auch findet ein Wechsel in den Aktivitätsphasen statt. An Land wird der Bergmolch nachtaktiv, tagsüber hält er sich in seinen schattigen Verstecken auf.

Eigentlich eine Idylle. Die bewirtschaftete Königsbachalm schmiegt sich in die Landschaft ein, bereichert sie und verzahnt sich mit ursprünglicher Naturlandschaft. Aber über allem schwebt ein Ausrufungszeichen. Auf den Almen kann das Wasser knapp werden. Im Zeichen des Klimawandels mehren sich die Anzeichen, dass auf den meist stark verkarsteten Plateaus der Grundwasserspiegel sinkt und sich selbst in den kleinen Geländemulden kein Wasser mehr sammelt. Aber Wasser ist die Voraussetzung, dass überhaupt Almwirtschaft möglich ist.

Frühlingserwachen unterm Schneibstein.

Hoch in den Bergen, der letzte Schnee geht, das Frühjahr ist da und Leben und Überleben beginnt. Kiefer und Heidelbeere ernähren sich durch eine Symbiose mit Pilzen in ihrem Wurzelbereich, das Alpenfettkraut (Pinguicula alpina) produziert auf der Oberfläche seiner in Rosettenform am Boden liegenden Blätter ein Fangsekret, um kleine Insekten zu fangen und somit an wichtige Nahrungsstoffe zu kommen. Es ist schon eine Seltenheit, die erst nach einigen Jahren blühende Pflanze in voller Blüte zu erleben.

Mit vielen Geschichten versehen ist der Almrausch, die bewimperte Alpenrose (Rhododendron hirsutum). Der Almrausch siedelt teils in aufgelassenen Almflächen, meistens aber im Übergang zum Latschengebüsch. Auch diese Pflanze lebt in Symbiose mit Wurzelpilzen, trägt bittere Gerbstoffe in sich und ist daher unverträglich für das Weidevieh. Aber ein idealer Raum für die großen Radnetze der Wespenspinne (Argiope bruennichi), die übrigens für den Menschen überhaupt nicht gefährlich ist.

Der stengellose Enzian (Gentiana clusii), umgeben von Mehlprimeln (Primula farinosa), bildet die Tautropfen des grandiosen Almbodens auf der Bindalm im Klausbachtal. Eine solche Almwirtschaft ist gelebter Naturschutz, denn diese mosaikartige Bewirtschaftung sichert biologische Vielfalt, z.B. das Vorkommen von über 400 Pflanzenarten oder 71 % der Heuschreckenarten Bayerns. Und die faszinierende Felsformation der Mühlsturzhörner rundet das Bild im Auge des staunenden Betrachters ab.

Ein nacheiszeitlicher Einwanderer aus den Steppen Innerasiens wurde zum Symbol des Schutzes der Alpen, das Edelweiß (Leontopodium alpinum). Früher als Heilkraut oder für Liebeszauber verwendet, steht die Art heute unter strengem Schutz, kommt im Nationalpark bis zur Vegetationsgrenze vor und ist übrigens in der Natur viel schöner anzuschauen als abgepflückt und getrocknet. Dabei ist der auffallende Blütenstern eigentlich nur eine Scheinblüte (es sind die weißgefärbten Hochblätter), die als wirkungsvolles Signal für honigsuchende Insekten gedacht ist, damit diese dann die eigentlichen kleinen Blüten in ihren Blütenkörbchen bestäuben.

Blumenbunter Alpenrasen mit Almrausch und Arnika (Arnica montana) als auffälligste Blütenträger. Starkwüchsige Pflanzen mit am Boden liegenden Blattrosetten lassen Freiräume für viele andere Arten entstehen. Dabei sehen wir nur die Spitze des Eisbergs. Viele der hier vorkommenden Pflanzenarten zeigen uns nur ein Drittel von sich selbst. Zwei Drittel befinden sich als reichverzweigtes Wurzelsystem im Boden und tragen somit zur Stabilität dieser alpiner Rasen und vor allem zum Erosions- und Bodenschutz bei.

Das Murmeltier

Das zumindest von Kindern am meisten geliebte Tier im Nationalpark ist das (Alpen)-Murmeltier (Marmota marmota). Dabei könnten wir Erwachsene doch auch einiges lernen und sei es nur das friedliche Zusammenleben mehrerer Familien in einem Bau, das ausgeprägte Berührungsbedürfnis, das auch der Kommunikation dient, oder auch die gegenseitige (Fell)-Pflege. Die Verwandten des Eichhörnchens leben im Nationalpark auf mehr tiefgründigen Almen, Weiden und Rasen, wo sie ihre weitläufigen Baue anlegen können, meist zwischen 900 und 2.500 Meter Höhe. Sie bevorzugen dabei die sonnigen Südhänge. Die Tiere sind tagaktive Pflanzenfresser, sind immer unterwegs, besitzen ein sehr gutes Sehvermögen und aufgrund der seitlichen Anordnung der Augen ein weites Blickfeld. Bei Gefahr wird ein schriller Kehlpfiff ausgestoßen und die ganze Kolonie verschwindet im flachen Sommerbau, der dem Schutz vor Feinden dient. Überwintert wird in weitläufigen, viele Meter tief in den Berghang gegrabenen Nesthöhlen. Diese großen Baue entstehen über Generationen hinweg, da die Tiere sehr standorttreu sind. Die Kolonien werden gegen „Eindringlinge“ heftig verteidigt.

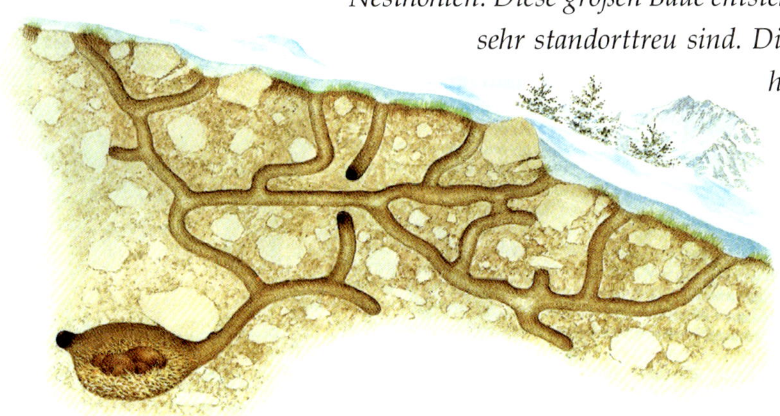

In Murmeltiergebieten findet man eine besonders große Pflanzenvielfalt, denn durch ihre Grabtätigkeit schaffen die Tiere stets frische Erde an die Oberfläche, die von Pionierpflanzen besiedelt wird, welche sonst in derartig reifen Beständen nicht existieren können.

Was hier ausschaut wie ein Theaterstück der jungen Murmeltiere, aufgeführt in verschiedenen Akten für den Nationalparkbesucher, ist in Wahrheit „blutiger" Ernst. Nämlich das Einüben von Situationen und das Erlernen von Verhaltensweisen für ein manchmal nicht ungefährliches Murmeltierleben.

Direktes Zusammentreffen von Wiese und Almboden.
Schmalblättriges Wollgras (Eriophorum angustifolium) umrahmt einen Ameisenhaufen, verläuft sich in einen buntblühenden Alpenrasen und geht über in eine Weidefläche. Im Nationalpark findet man einige dieser Situationen, da nämlich auf freiwilliger vertraglicher Basis für die Almbauern in der Pflegezone neue Lichtweideflächen angelegt wurden, im Gegenzug dafür von ihnen die Waldweide in diesen Bereichen aufgegeben wurde.

Unter dem mächtigen Watzmann, der Schapbachboden.

Hinauf zum Latschenbereich, wo die alpinen Rasen sich auflösen und sich schon die Gipfelregionen in kleinen Tümpeln spiegeln. In diesen schattigen und halbschattigen Lebensräumen findet sich das rundblättrige Wintergrün (Pyrola rotundifolia), aus der Pflanzenunterfamilie der Wintergrün- und Fichtenspargelgewächse. Die Wurzeln der Pflanze sind mit Pilzhyphen überzogen, die der Pflanze Mineralien und Eiweißstoffe zum Überleben liefern.

Einsamer Winkel, das Schottmalhorn, Viehkogel und Hundstod.

Die Trollblume (Trollius europaeus) gehört in Deutschland zu den gefährdeten Arten, kommt aber im Nationalpark noch in größeren Beständen auf feuchten Bergwiesen vor. Im Schutz der Berge kann sie gut gedeihen, wenn auch ihre Blütenbestäuber (drei Fliegenarten aus der Gattung Chiastochaeta) vorhanden sind. Diese können durch einen kleinen Spalt in die Blüte gelangen, bestäuben dabei und dürfen als Belohnung ein paar Eier an die Fruchtknoten der Pflanze ablegen.

Vielfalt, Formen, Evolution und Anpassung

Fliegenragwurz (Ophrys insectifera), weiße Waldhyazinthe (Platanthera bifolia), Großes Zweiblatt (Listera ovata) sowie schwarzes Kohlröschen (Nigritella nigra) und im Hintergrund die Federschweif-Früchtchen der Berg-Nelkenwurz (Geum montanum), auch „Jagerbart" genannt.

Zu Recht haben die Menschen diesem Platz den Namen „Märchenwiese“ gegeben. Die Artenvielfalt ist wirklich märchenhaft, aber Realität. Sommerwurz (Orobanche caryophyllacea), durchblättertes Läusekraut (Pedicularis foliosa) und Akelei (Aquilegia atrata) bilden nur einen kleinen Ausschnitt davon ab.

Kurzzeitige Sommerhochalm am Mittereis.
Die Höhengrenze der Almwirtschaftsmöglichkeiten ist erreicht. Zu wenige Weideflächen in den Tälern verdrängte einst die Viehwirtschaft bergwärts. Heute bleiben allerdings viele Hochalmen wegen schwieriger Zugänglichkeit oder mangelnder Rentabilität ungenutzt.
Zur Freude oder zum Leidwesen des Fichtenkreuzschnabels (Loxia curvirostra)? Wer weiß es?

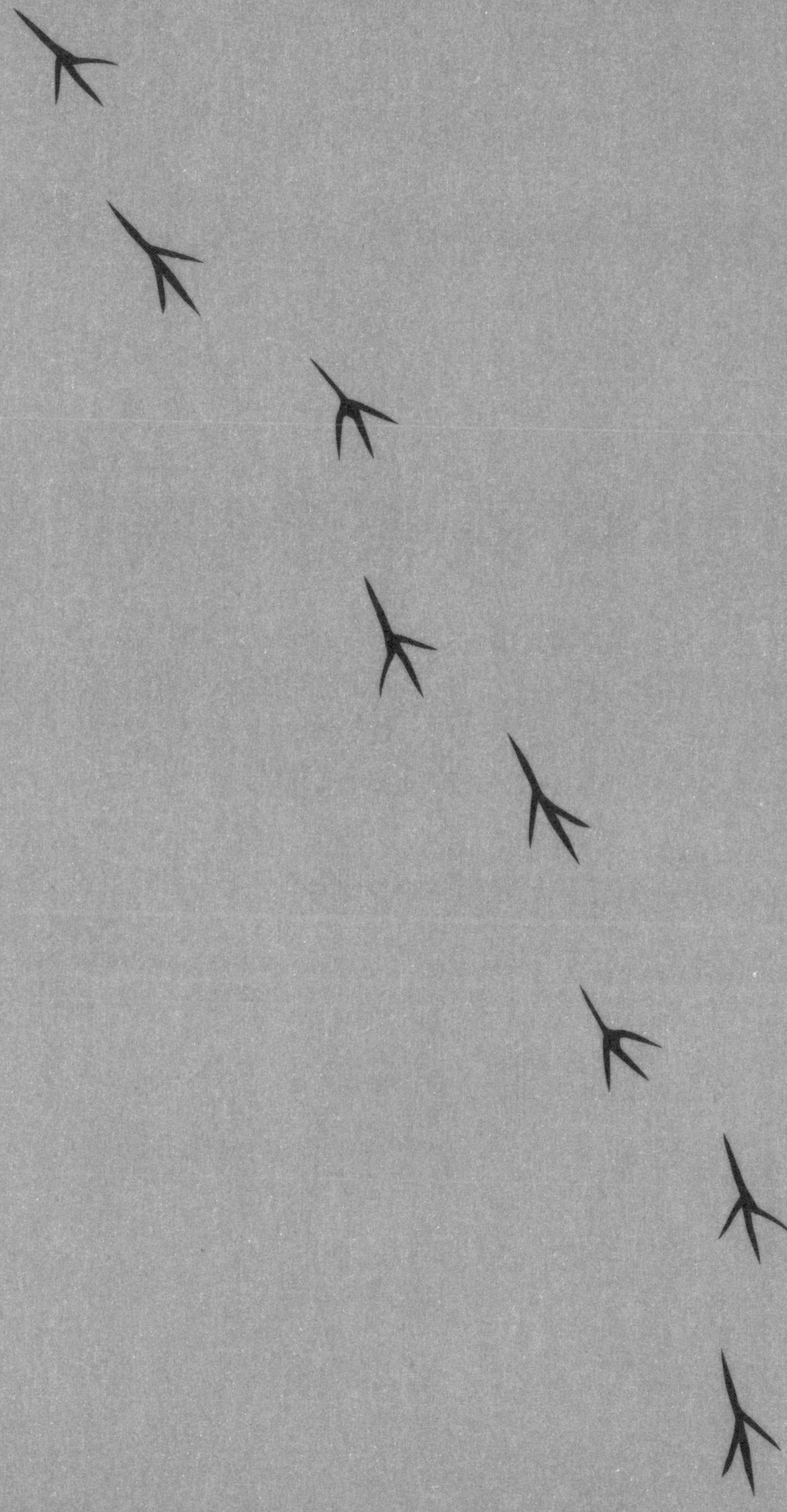

Der Gimpel

Schön sitzt es da, das Gimpelmännchen (Pyrrhula pyrrhula), schwarze Kappe, roter Umhang, daher schon lange auch Dompfaff genannt. Und einen einfältigen Menschen „Gimpel" zu schimpfen, tut dem Vogel aus der Familie der Finken unrecht. Der Gimpel, auch Blutvogel, Rotfink oder Blutfink genannt, ist im Nationalpark bis in Höhen um 1.700 m regelmäßig zu beobachten. Als natürlichen Lebensraum bevorzugt er, als Baumvogel, die Nadel- und Nadel-Laub-Mischwälder und hier besonders strukturreiche Abschnitte. Er ist überwiegend Pflanzenfresser, liebt dabei vor allem junge Knospen und Beeren. Bei der Beerennahrung wird das Fruchtfleisch verschmäht, es werden nur die Kerne gesucht und selbst die werden vor dem Verzehr geschält. Beim Gimpel unterscheiden sich Männchen und Weibchen in der Gefiederfärbung und somit gestaltet sich das Kennenlernen manchmal etwas stürmischer. Bei der Paarbildung droht das Weibchen erst einmal das Männchen an, dann wird man schon freundlicher und das Ziel ist erreicht, wenn nach Schnabelberührung der beiden das Männchen dann das Weibchen füttern darf. Beide verbringen dann einen Sommer lang in monogamer Brutehe.

Viele uns im Tierreich manchmal komisch erscheinende Verhaltsweisen haben den tieferen biologischen Sinn, dass eine Fortpflanzung der Art gesichert ist.

Vogelbeerenparadies

Heftige Familiendiskussion in einer, auf einer oder um eine Vogelbeere (Sorbus aucuparia). Am Ende bekommt der Nachwuchs recht bzw. den Kern. Recht so.

Unscheinbarkeit im Rampenlicht; der Almboden auf der Gotzenalm

Die kuppierte Oberfläche kann ein Anzeichen von Bodenfließen sein oder schon Frostboden andeuten. Hier überleben nur Spezialisten wie der Sonnentau (Drosera rotundifolia), eine fleischfressende Pflanze, die Heidelbeere (Vaccinium myrtillus), die auf das Zusammenleben mit Bodenpilzen angewiesen ist, oder die Preiselbeere (Vaccinium vitis-idaea), die auf saurem Rohhumus gedeiht.

Der Vorhang öffnet sich, gibt den Blick frei zu den Gipfeln am Horizont. Aufgabe des Nationalparks ist hier, nichts zu tun. Nichtstun als Bekenntnis zum Morgen, zum Leben. Den einsamen Hirten oder Jägern, die hier vielleicht nach Tieren Ausschau hielten, diente früher der Blütenboden der Silberdistel (Carlina acaulis) zur Nahrung. Daher der Name „Jagerbrot".

Das Birkhuhn

Das Birkhuhn (Tetrao tetrix) gehört ebenso wie das Auerhuhn zur Familie der Raufußhühner. Die Birkhühner ernähren sich hauptsächlich pflanzlich, fressen junge Sprossen, Beeren, Knospen und Samen. Die Küken sind in den ersten Lebenswochen auf Insekten, vor allem Ameisen angewiesen. Ihr Lebensraum ist der Übergang von Wald- und Baumgrenze, Latschen- und Mattenbereich, halboffenes Gelände, das reichlich gegliedert sein muss. Ganz geschlossene und ganz offene Bereiche werden gemieden. Ansonsten kann man die typische Balz der Spielhähne auf den traditionellen Balzarenen weder sehen noch hören. Auch bei den Birkhühnern macht sich der stolze Hahn nach Balz und Paarung mit möglichst vielen Weibchen aus dem Staub, die Weibchen alleine haben sich um Gelege, Küken und Aufzucht zu kümmern.

Die Birkhühner generell sind in ihrem Bestand gefährdet, weil man außerhalb von Großschutzgebieten, wie dem Nationalpark Berchtesgaden, kaum die Möglichkeit hat, diese Mosaiklebensräume in ausreichender Größe und über lange Zeiträume zu erhalten. Viele heute gefährdeten Pflanzen- und Tierarten sind auf solche in einem System ablaufenden Sukzessionen angewiesen, die aber eine gewisse Flächengröße nicht unterschreiten dürfen. Die besten und teuersten Schutzmaßnahmen, Projekte und Programme können die Natur des Nationalparks nicht ersetzen.

Man zeigt schon was man kann und hat!

Bei so viel Aufregung und Anstrengung der Hähne kann man sich als Birkhuhnhenne getrost einmal entspannt in der Astgabel zurücklehnen und der Dinge harren, die da kommen.

Unbeeindruckt von den Naturgewalten der Berge zieht der Fuchs seine einsame Fährte im fahlen Licht des Winters.

Das Hermelin

Bereits im Altertum war das Fell des Hermelin (Mustela erminea) stark begehrt. Nur höchsten weltlichen, geistlichen oder richterlichen Würdenträgern war erlaubt, mit Hermelinpelz verbrämte Kleidung zu tragen. Das weiße Winterfell des Hermelins wurde stets als besonders wertvoll erachtet, weshalb diese Tiere lange Zeit gejagt wurden, in manchen Gegenden fast bis zum Verschwinden der Art. Die zur Familie der Marder gehörenden Hermeline ernähren sich vorwiegend tierisch und sind sehr aktiv, da sie aufgrund ihres geringen Körperfettanteiles fast beständig auf Nahrungssuche sein müssen. Männchen und Weibchen grenzen eigene Territorien ab, die sie gegenüber dem jeweils gleichen Geschlecht verteidigen. Im Nationalpark sind die scheuen Tiere regelmäßig zu beobachten, z.T. bis über die Waldgrenze hinaus. Dichte Wälder werden gemieden, ansonsten sind sie überall in abwechslungsreichen Landschaften verbreitet. Offenes Gelände ohne Deckung wird von ihnen nur selten aufgesucht, da dort die Bedrohung durch Greifvögel sehr hoch ist. Unterschlupf finden Hermeline meist in Bodennähe in Felsspalten, Baumwurzeln, Holzstapel, nur selten sieht man sie in Bäumen. Und bei Untersuchungen mit Hermelinen konnte ein wichtiger ökologischer Grundsatz bestätigt werden, dass nämlich die Beute die Räuber reguliert und nicht umgekehrt. Gibt es viele Beutetiere, dann gibt es auch mehr Räuber.

Wieselflink

Weißer Pelz mit schwarzen Tupfen an der Schwanzspitze, so tarnt sich das Hermelin in der Winterszeit. Dabei sind die Tiere während der kalten Jahreszeit viel eher nachtaktiv und schwerer zu beobachten. Aufgrund ihres ausgeprägten Geruchssinnes können sie trotzdem gute Beute machen. Nach Aufnahme einer Geruchsspur wird dieser gefolgt. Aber nicht unvorsichtig, sondern immer aufmerksam und die Umgebung sichernd, damit auch ja kein Artgenosse wagt, das abgegrenzte Revier zu nutzen.

Fels

Ursprünglichkeit, Unversehrtheit und Unerreichbarkeit. Diese drei Begriffe können die Felsregionen des Nationalparks Berchtesgaden nur unzulänglich beschreiben. Es sind Orte der Stille, der Weite, des unverbauten Raumes, aber auch der Erhabenheit der Natur, der Gefahr und größter Lebensvielfalt. Dieser Raum, dieser Lebensraum wird geformt von der Zeit, einer Zeit, welche die Natur selbst vorgibt. Auf geografisch kleiner Fläche liegen mehrere Höhenstufen von höchst unterschiedlicher ökologischer Ausprägung übereinander und bedingen harte Übergänge. Mit zunehmender Höhe prägen Extreme die Bedingungen für Lebewesen. Dies führt zu vielseitigen und biologisch höchst aufschlussreichen Anpassungen. Hinzu kommt noch eine enorm gesteigerte und schwer vorhersehbare Dynamik des Standorts. Die Felsregionen der Berge sind Grenzraum des Lebens, auch deshalb, weil sie häufig die letzten Rückzugsräume für viele Tiere und Pflanzen sind, die zwar an die harten Lebensbedingungen genial angepasst, gegenüber Störungen durch den Menschen jedoch sehr empfindlich sind. Es lohnt sich, mit Respekt und wachen Sinnen diesen Grenzraum anzuschauen und Gesetzmäßigkeiten einer ursprünglichen Natur zu erkennen.

Der Steinadler

Vogelberingungen haben erbracht, dass Steinadler (Aquila chrysaetos) steinalt werden, in Freiheit bis über 30 Jahre, in Gefangenschaft bis 50 Jahre. Daher waren die Adler als „Könige der Lüfte" schon den Babyloniern, Griechen und Persern Sinnbild der höchsten Gottheit. Auch in der Bibel steht der Adler als Allegorie für neues Leben. Und Karl der Große bestimmte ihn zum deutschen Wappentier. Im Nationalpark Berchtesgaden sind 5 Brutpaare dauerhaft ansässig. Als fleischfressender Räuber stehen die Steinadler als Spitzentiere in der Nahrungspyramide ganz oben und sind dementsprechend wichtige Indikatoren für den Zustand ihrer Umwelt. Und mit Recht kann man sagen: Wo der Steinadler mit Erfolg Jungvögel großzieht, ist die Natur noch in Ordnung. Daher kann man auch die beeindruckenden Flugmanöver der ein Leben lang in monogamer Ehe zusammenlebenden Adlerpaare das ganze Jahr über im Nationalpark staunend beobachten.

Eben diese Flugmanöver inspirierten die Techniker. Die Wissenschaft der Bionik (als Kombination von Biologie und Technik verstanden) nahm den Flügelaufbau des Adlers als Beispiel, um die Tragflächen großer Flugzeuge in Bauplänen und Konstruktionen zu optimieren, nach dem Motto: Weil wir den Flügelschlag der Vögel nicht nachahmen können, schauen wir ihnen das Segeln ab.

Faszinierend ist der Flug der Adler. Ohne Flügelschlag kann er bei Gegenwind in der Luft stehen, bei Rückenwind bis 190 km/h im Gleitflug hinschweben und mit bis zu 300 km/h im Sturzflug auf die Beute herabstoßen. Lange Zeit waren die Steinadler durch Verfolgung und Lebensraumzerstörung in ihrem Bestand gefährdet. Sie sind heute noch geschützt, aber ihr Bestand im deutschen Alpenraum hat sich mittlerweile bei ca. 60 Brutpaaren stabilisiert. Auch der Nationalpark Berchtesgaden leistet seinen Beitrag dazu.

Die ersten Tage eines jungen Steinadlers, betreut von seinen Eltern. Im Nationalpark brüten die Steinadler in Felsenhorsten, in kleinen Höhlen oder unter Überhängen. Die Horste liegen meist unterhalb des Jagdgebietes, denn mit Beute in den Fängen lässt sich leichter nach unten gleiten als nach oben fliegen. Dabei ist es immer spannend, welchen Horst ein Steinadlerpaar besetzt. Steinadler bauen über die Jahre gesehen mehrere Horste. So gilt es nur noch die Daumen zu drücken, dass aus dem Küken ein Adler wird, der uns dann mit seinem Flug begeistert.

Wildes Wimbachtal

*Kommen und Gehen,
Mobilität für Mensch und Tier. Naturnahe, ausreichend große und möglichst unzerschnittene Lebensräume bilden die Kernzonen eines ökologischen Netzwerks. Der Nationalpark Berchtesgaden ist ein internationales Großschutzgebiet, in welchem der Schutz von Natur und Landschaft vom Talboden bis zum Gipfel gewährleistet ist. Das bedeutet einen intakten ökologischen Verbund, eng geknüpfte Wechselbeziehungen, geschlossene Nahrungsketten und -kreisläufe, nicht erfassbare Lebensvielfalt und eine grandiose Landschaft.*

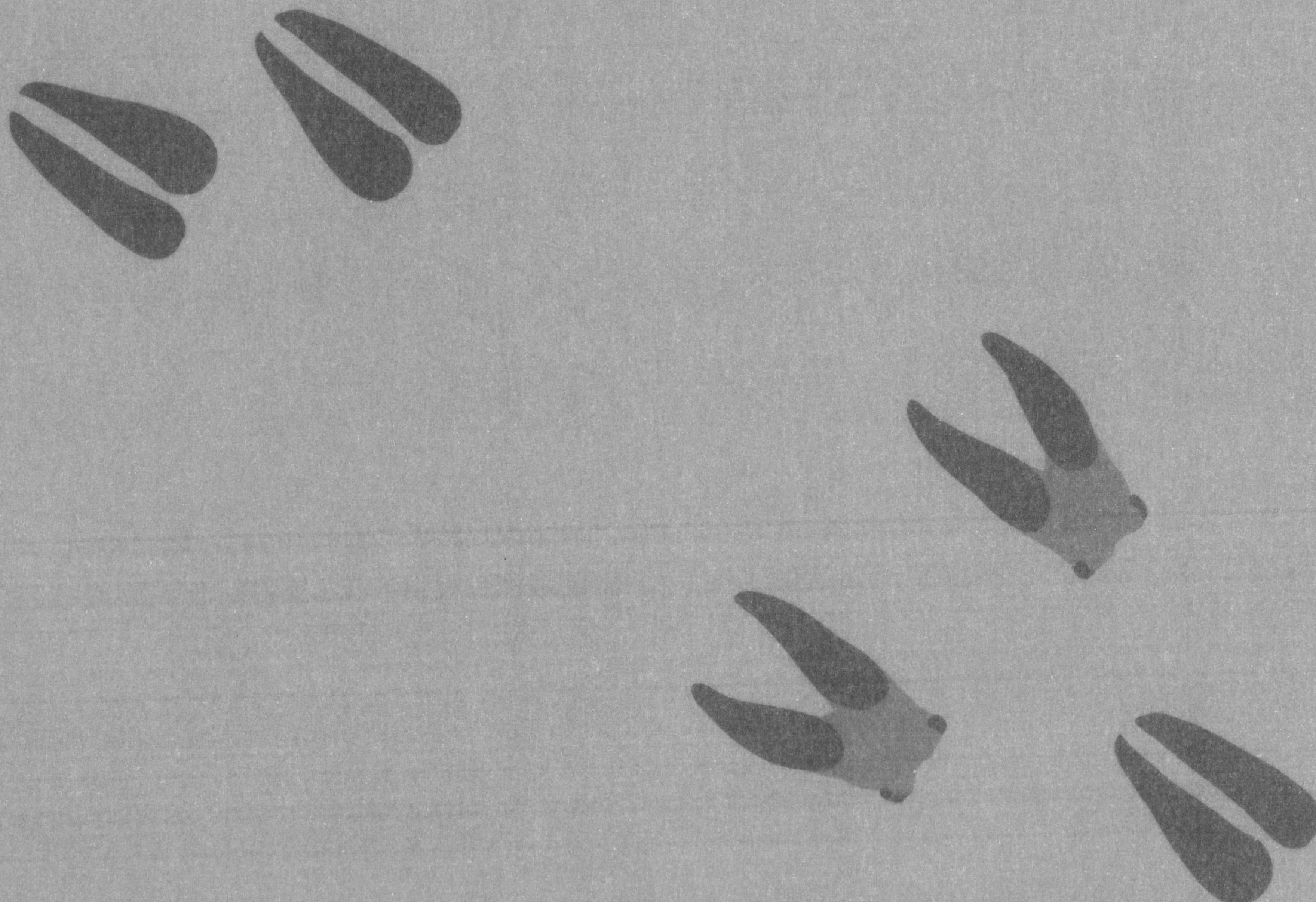

Die Gemse

Übermut kommt vor dem Fall. Damit dies nicht so ist, haben die Gemsen (Rupicapra rupicapra) im Laufe ihrer Entwicklung eine ganz bestimmte Klauensohle herausgebildet. Sie sind weich und anpassungsfähig, während der vorstehende Tragrand eine besonders harte Kante bildet. Fußgelenke und die Afterklauen sind beweglich, sodass sie in steilen Felswänden festen Halt bieten und auf Schnee das Einsinken vermindern. Und somit können die Gemsen dann ihre Spiele treiben, wie den „Gemsentanz" oder das „Rodeln" auf einem Schneehang. Gemsen sind ausgesprochene Hochgebirgsbewohner, im Sommer meist oberhalb der Baumgrenze zwischen der Latschenzone und den Schneefeldern. Im Winter ziehen sie sich in die tieferen Lagen des Bergwaldgürtels zurück. Gemsen leben in Rudeln (Geißen und Jungtiere, Böcke außerhalb der Brunftzeit), oder man ist Einzelgänger. Auffallend ist auch der jahreszeitliche Fellwechsel vom hellen, bräunlichen Sommerfell zum schwarzen, dichten Winterfell, dessen lange Rückenhaare für den „Gamsbart" verwendet werden.
Die Nahrung der Gemsen bilden Jungtriebe von Nadelgehölzen, Laub und Knospen. Auch weiden sie Gräser und Kräuter. Aufgrund dieser Nahrung können im Labmagen der Gemsen feste Kugeln aus Harz, Haaren und Holzspänen (Bezoare) gefunden werden. Natürliche Feinde der Gemsen waren einstmals große Raubtiere wie Bär, Luchs und Wolf. Heutzutage werden höchstens einmal Greifvögel wie der Steinadler gefährlich.

Junge Gemsen, etwas verlegen aber mit neugierigem Blick in die Zukunft, sicher beobachtet von einem Alttier. Wir haben den Beginn eines neuen Jahreskreises. Das Winterfell ist zwar noch nicht gewechselt, aber die ersten Polsterrasen bieten schon Frühlingsnahrung.

Endemisch

Spüren – fühlen – auf sich wirken lassen.
Naturgewalten, Elemente, Wirkkräfte im Wechsel und
im Laufe der Zeit, das zeichnet natürliche Dynamik aus.
Augen öffnen, erfassen seiner Mitwelt, mit allen
Sinnen, das sollten wir tun.
Es muss nicht immer der Gipfel sein, eher eine
Wanderung zu sich selbst unternehmen.

Schnee im Gebirge ist kein Leichentuch, das die Landschaft zudeckt. Schnee ist ein gigantischer Wasserspeicher, für viele Wildtiere ein kräfteraubendes Terrain und für die Natur eine wärmende Decke, unter der sie Schutz findet, „entschleunigt" und Kraft für ein neues Jahr sammelt. Schnee und Ruhe verzaubern die Landschaft. Und die Schneebedeckung der Berge ist auch ein Fieberthermometer für unsere Zukunft. Und das zeigt nach Szenarien von Wissenschaftlern schon ziemlich rot. Denn kein winterlicher Schnee in den Bergen, bedeutet viel Wasser im Tal zu ungünstiger Zeit.

Einsame Pfade zwischen Rosengrube und Laafeld.

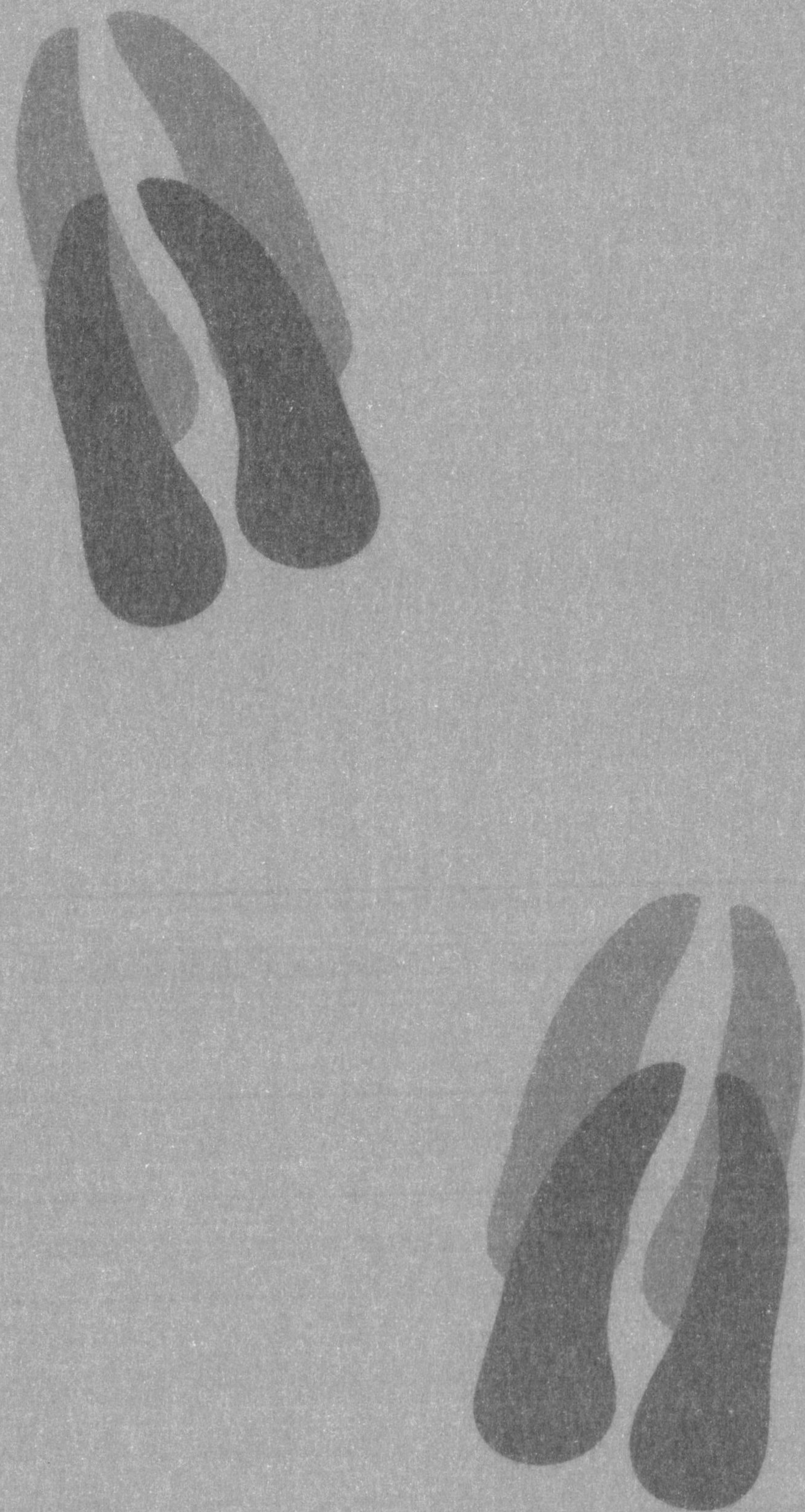

Der Steinbock

Als „wandelnde Apotheke“ mit gut einem Duztend „heilkräftigen“ Körperteilen wurde der Steinbock (Capra ibex) früher hemmungslos gejagt. Er hätte nur als Sternzeichen überlebt, wenn nicht einige wenige Exemplare 1854 vom italienischen König Viktor Emanuel II. im Gebiet des jetzigen Nationalpark Gran Paradiso in den italienischen Alpen unter strengsten Schutz gestellt worden wären. So konnten Steinböcke u.a. in den Berchtesgadener Bergen in den 30er Jahren wieder angesiedelt werden. Zwar in erster Linie zu Jagdzwecken, aber auch dieser Spuk ging vorbei, und so etablierte sich im Nationalpark Berchtesgaden eine mittlerweile ansehnliche standorttreue Population, die in den letzten Jahren schon gewisse Ausbreitungstendenzen zeigt. Entsprechend seines weiten Verbreitungsgebietes, das über die Alpen, die innerasiatischen Hochgebirge bis nach Vorderasien und Nordafrika reicht, haben sich zahlreiche Unterarten des Steinbocks herausgebildet. Alle zeichnen sich durch große, in einem kreisförmigen Bogen weit nach hinten geschwungene Hörner aus. Die geselligen Steinböcke sind wahre Klettermeister und leben daher an und in steilen Felswänden oberhalb der Waldgrenze. Sie sind tagaktiv, bei drohender Gefahr ziehen sie sich in Steilwände zurück. Ihre natürlichen Feinde wie Bär, Wolf und Luchs fehlen, nur Steinadler können ab und zu den Steinbockkitzen gefährlich werden.

Im Reich des Steinbocks oder die Sicht der Dinge aus einer anderen Perspektive. Viele Kleinigkeiten und Nichtigkeiten verschmelzen und gehen auf in ein funktionierendes Großes und Ganzes.

Kernzone der Ursprünglichkeit im Steinernen Meer

Die Faszination und die Einmaligkeit der Felsregionen der Berge waren und sind die Entstehungsgebiete von Märchen und Mythen, in denen sich die Werte einer Gesellschaft widerspiegeln. Naturgewalten und –ereignisse, für den Menschen unheimlich und unerklärbar, wurden in eine nachvollziehbare Form gegossen. Wir erhalten Kenntnis von einer Weltanschauung, die in einer Zeit vor der Zeit angesiedelt war. Keine andere Region Europas ist daher so vielfältig an alten Kulturen, an alten Sprachen, ist so reich an archaischen Märchen und Mythen wie die Alpen. Unsere Nationalparkberge sind ein Teil davon.

Wo der nackte Fels ansteht, setzen Prozesse der Gesteinslösung, der Massenverlagerung und der mechanischen Verwitterung an. Spalten, Felsritzen und Klüfte entstehen, in die Pflanzen mit ihrem Wurzelwerk hineinwachsen und jegliche Ansammlung von Humus als Keimbett nutzen. In tieferen Lagen kommen noch Almrauschsträucher vor, in höheren Lagen nur noch Spezialisten, wie beispielsweise das Stengelfingerkraut (Potentilla caulescens).

Durch Erosion herausgearbeitet

Steter Tropfen löst den Stein und prägt seit Millionen von Jahren die Berchtesgadener Berge. Regentropfen nehmen auf ihrem Weg durch die Luft etwas Kohlendioxid auf. Das Gas wird im Wasser des Tropfens zu einer Säure, die Kalkstein löst. Trifft dieser Regentropfen nun auf Gestein, so löst die in ihm enthaltene Säure eine winzige Menge der Oberfläche ab. Kleine Firstkarren entstehen. Aus diesen entstehen im Laufe der Zeit dann immer tiefere Karren. Und unter Bodenbedeckung verstärken sich diese Lösungsvorgänge noch mehr. Das typische Gesicht der Berchtesgadener Kalkfelsen entsteht. Und in den Zwischenräumen und Klüften ist immer noch Lebensmöglichkeit für Pflanzen, wie z.B. den Alpendost (Adenostyles glabra) oder das Sonnenröschen (Helianthemum oelandicum ssp. alpestre).

Tiefblick vom Mooslahnerkopf in die Ferne, wo die blütenreichen alpinen Rasengesellschaften in die reine Felsregion auslaufen. Der Nebel liegt in der Tiefe, der Blick wird frei, z.B. auch für die Weiße Silberwurz (Dryas octopetala). Diese genügsame Pflanze kann nur wenige Wochen im Jahr aktiven Stoffwechsel betreiben, daher fand man schon Exemplare mit einem Alter an die 100 Jahre. Die Pflanze besitzt Wurzelknöllchen, um Stickstoff zu binden, und einen symbiotischen Wurzelpilz. Leben im Grenzbereich verursacht Kosten und einen großen Aufwand. Leben im Grenzbereich ist aber auch Triebfeder der Evolution.

Vorzeitwurzeln der Zirbe

Landschaft mitten drin. Ein Nationalpark für alle. Zurechtkommen mit seiner Umwelt, jahrhundertealte Anpassungen und Abläufe. Sehen, Zeigen und Zeugen der Zeit. Natur erleben, Natur verstehen, Natur schützen. Eine Aufgabe des Nationalparks und eine ethische Verpflichtung unserer Generation zum Erhalt unserer Heimat.

Verbindung der Elemente Wind, Wasser, Luft

In der Entwicklungsgeschichte der Menschen waren Berge mit ihren Fels- und Gipfelregionen schon immer eine Brücke zwischen dem Diesseitigen und dem Jenseitigen, zwischen dem Greifbaren und dem nicht Erklärbaren. Deshalb näherte man sich den Bergen mit besonderen Gefühlen, quasi mit religiösen Gefühlen. Götter und Helden, Weltschöpfung und Weltuntergang umrankten und umranken auch heute noch diese Gipfelregionen. Und wir sollten sie nicht zerstören.

Morgenrot am Seeleinsee

Die Zwergalpenrose (Rhodothamnus chamaecistus), ein typischer Felsspaltenbewohner, veranlasst zu folgendem Resümee:
Wir brauchen ein vermehrtes Zulassen von ungelenkten, selbstentstehenden Prozessen, also „Natur-Schutz“ wörtlich. Dann wird sich zeigen, dass vieles, was uns kleinräumig und kurzfristig als „Katastrophe“ erscheint, sich in einem räumlich und zeitlich größeren Maßstab als Gewinn für die Vielfalt der Lebensräume und Arten darstellt.
Nationalparke, Großschutzgebiete der höchsten Schutzkategorie, müssen „Parke der Nation“ sein, von uns allen, und dürfen nicht durch kurzfristige anderweitige Interessen verwässert werden. Der Nationalpark Berchtesgaden, als einziger deutscher Alpennationalpark, ist ein wichtiger Knotenpunkt in einem grenzüberschreitenden ökologischen Netzwerk im Alpenraum.

Gedanken und Gefühle

Es ist mir ein großes Anliegen, unseren wunderschönen Planeten Erde auf meine eigene Art zu interpretieren und darzustellen. Bei meiner Fotografie versuche ich, Farbe, Licht und Ausschnitt optimal aufeinander abzustimmen.

Um ein Motiv im richtigen Moment abzulichten, benötigt man schnelles Reaktionsvermögen, oft aber auch eine gehörige Portion Geduld. Gelegentlich ist es nur die Frage des richtigen Augenblicks und manchmal sitze ich vor dem Motiv und warte und warte ...

Mitunter besuche ich einen Foto-Ort mehrmals. Ob man bei seiner Suche ohne festes Ziel durch die Natur streift oder bewusst nach bestimmten Dingen sucht, das kann unterschiedlich sein. Des Öfteren habe ich genaue Vorstellungen vom späteren Bild, ein anderes Mal überraschen mich die Lichtverhältnisse und ich entdecke neues.

Wenn ich schließlich bei besten Lichtverhältnissen vor dem lang ersehnten Motiv stehe, bin ich so sehr in meine Arbeit vertieft, dass ich im Augenblick der Aufnahme nichts anderes mehr um mich wahrnehme. Es ist für mich wie das Eintauchen in eine andere Dimension. Ich verliere jeglichen Zeitbegriff, blende meine Umwelt aus und bin so sehr mit dem Motiv und dem Geschehen in der Natur verbunden, dass ich scheinbar ein Teil davon werde. Um meine fotografischen Ideen zu verwirklichen, brauche ich in erster Linie Harmonie und Stille.

Meine Begegnungen mit der Natur sind geprägt von einer tiefen Naturverbundenheit. Ich betrachte mich als Jägerin der Schönheit und Einzigartigkeit, mit dem Ziel, diese wunderbare Natur zu bewahren. Deshalb versuche ich, nicht als Störfaktor in der Natur aufzutreten, sondern verzichte lieber auf ein Foto um jeden Preis!

Mein Wunsch ist, dass die Menschen von meinen Fotoarbeiten berührt werden. Ich möchte die Menschen für die Natur sensibilisieren! Es wäre schön, wenn es mir gelänge, den Blick meiner Mitmenschen für die Schönheit der Natur zu schärfen, um auch einmal das Ungewöhnliche im Gewöhnlichen zu entdecken.

Marika Hildebrandt

Nationalpark Berchtesgaden

Nationalpark Berchtesgaden
Doktorberg 6
83471 Berchtesgaden
Telefon +49 (0) 86 52 96 86-0
Fax +49 (0) 86 52 96 86-40
E-Mail: poststelle@npv-bgd.bayern.de
www.nationalpark-berchtesgaden.bayern.de

VERLAG PLENK BERCHTESGADEN

Verlag Anton Plenk
Koch-Sternfeld-Str. 5
D-83471 Berchtesgaden
Telefon +49 (0) 86 52 44 74
Fax +49 (0) 86 52 66 277
E-Mail: plenk-verlag@t-online.de
www.plenk-verlag.com

Fotos: Marika Hildebrandt, Bischofswiesen
www.fotomagie.eu

fotoMagie

Texte: Dr. Michael Vogel, Berchtesgaden

Gestaltung, Satz und Layout:
Valentina Kraus-Plenk, Bischofswiesen
Marika Hildebrandt, Bischofswiesen

Lektorat: Stefanie Zweckl, Bischofswiesen

Druck: Druckerei Plenk, Berchtesgaden

ISBN 978-3-940141-41-5

1. Auflage, Herbst 2010

Bibliografische Information der Deutschen Bibliothek: Die Deutsche Bibliothek verzeichnet diese Publikation in der Deutschen Nationalbibliografie; detaillierte bibliografische Daten sind im Internet über http://dnb.ddb.de abrufbar.

Nationalpark Berchtesgaden
Schönfeldspitze
Hochkönig
Steinernes Meer
Leoganger Steinberge
Loferer Steinberge
Funtenseetauern
Hundstod
Funtensee
Hochkalter
Klausbachtal
Obersee
Watzmann
Hagengebirge
Wimbachtal
Königssee
Gotzenalm
Reiteralm
Kühroint
Hintersee
Kessel
Ramsau
Schneibstein
Jenner
Hoher Göll
Grünstein
Lattengebirge
Hirscheckbahn
Jennerbahn
Schönau a. Königssee
Kehlstein
Obersalzbergbahn
Berchtesgaden
Bischofswiesen
Rossfeld
Bad Reichenhall
Marktschellenberg

Danksagung

Nach 5 Jahren wunderbarer Naturerlebnisse, Neugierde auf meiner fotografischen Reise im Nationalpark, viel Disziplin und Elan ist nun mein Buch erschienen. Obwohl dieses Projekt zutiefst persönlich und im Alleingang geplant war, sind am Ergebnis und letztlich am Erfolg liebe Menschen auf unterschiedliche und wichtige Weise beteiligt gewesen.

Ich danke ihnen herzlich für ihre Hilfe und Unterstützung:

Dr. Michael Vogel, der meinen Bildern mit seiner Wortgewandtheit zur Stimme und Klarheit verhilft, Ulrich Brendel für die Verfassung des Vorwortes. Die Worte eines guten Freundes empfinde ich als wertvolle Bereicherung dieses Bildbandes. Florian Blaimberger, ein Freund mit viel Naturwissen und einem klaren Blick für das Wesentliche, Andreas Pfnür für seine Hilfsbereitschaft am Königssee, Kristel Aschauer, die sich mit mir die Nächte in der Natur um die Ohren schlug, und Andreas für seine Geduld; Valentina Kraus-Plenk und dem Verlag Anton Plenk für die überaus gute Zusammenarbeit, meinen Eltern, die mir den Blick für die Natur geschenkt haben.

Marika Hildebrandt